¿Cómo estará el clima hoy?

MILO EDUCATIONAL BOOKS & RESOURCES

www.miloeducationalbooks.com

E. Cárdenas
N. Delgado

Publicado por:

MILO EDUCATIONAL BOOKS & RESOURCES

www.miloeducationalbooks.com
P.O. Box 41353, Houston, Texas 77241-1353
Phone: (888) 640-MILO & (281) 477-3232
Fax: (888) 641-MILO & (281) 477-3244

Copyright © 2006 Milo Educational Books & Resources

¿Cómo estará el clima hoy? escrito por E. Cárdenas y N. Delgado

ISBN:		
	1-933668-73-3	Pasta rústica (paperback)
	1-933668-74-1	Paquete de 6 pasta rústica (6-pack paperback)
	1-933668-75-X	Pasta rústica tamaño grande (big book paperback)

Library of Congress Control Number: 2006906296

Primera edición

Impreso en Israel

Visite nuestra página en la Internet en **www.miloeducationalbooks.com** para más información y recursos para estudiantes, maestros y padres.

Derechos reservados. Este libro o las partes del mismo no se pueden reproducir o ser usadas en ninguna forma – gráfica, electrónica o mecánica, incluso fotocopias, grabaciones u otros sistemas de almacenamiento o recobro de información – sin la autorización previa y por escrito de la editorial. Copias hechas de este libro, o de cualquier porción, es una infracción a las leyes del derecho de autor de los Estados Unidos.

Créditos gráficos:

Portada y pág. 1: © 2006 Jason A. Wright/ShutterStock, Inc.; Contraportada: © 2006 Elena Ximagination/ShutterStock, Inc.; Pág. 3: © 2006 LEACH/ShutterStock, Inc.; Pág. 4: © 2006 Pam Burley/ShutterStock, Inc.; Pág. 5: © 2006 Zdorov Kirill Vladimirovich/ShutterStock, Inc.; Pág. 6: © 2006 Kameel4u/ShutterStock, Inc.; Pág. 7: © 2006 Adam James Kazmierski/ShutterStock, Inc.; Pág. 8: © 2006 Lindsay Dean/ShutterStock, Inc.; Pág. 9: © 2006 Photography by Gary Potts/ShutterStock, Inc.; Pág. 10: © 2006 Andrey Armyagov/ShutterStock, Inc.; Pág. 11: © 2006 Yuri Arcurs/ShutterStock, Inc.; Pág. 12: © 2006 Robert Mizerek/ShutterStock, Inc.; Pág. 13: © 2006 Jhaz Photography/ShutterStock, Inc.; Pág. 14: © 2006 Losevsky Pavel/ShutterStock, Inc.; Pág. 15: © 2006 shae cardenas/ShutterStock, Inc.; Pág. 16: © 2006 Billy Lobo H./ShutterStock, Inc.

Hoy es lunes.

Hay sol.

Puedo ir a la piscina.

Hoy es martes.

Hay viento.

Puedo volar mi papalote.

Hoy es miércoles.

Hay nubes.

Puedo andar en bicicleta.

Hoy es jueves.
Hay lluvia.

Puedo leer un libro.

Hoy es viernes.

Hay neblina.

Puedo ir a la biblioteca.

Hoy es sábado.
Hay tormentas.

Puedo limpiar mi cuarto.

Hoy es domingo.
Hay un arco iris.

Puedo ir de paseo.